孩子，你要学会保护自己

HAIZI NIYAO
XUEHUI BAOHU ZIJI

面对校园风险我会说不

王维浩　编著

科学普及出版社
·北 京·

图书在版编目（CIP）数据

孩子，你要学会保护自己.面对校园风险我会说不 /
王维浩编著 . -- 北京 : 科学普及出版社 , 2022.11（2024.1 重印）
ISBN 978-7-110-10488-0

Ⅰ . ①孩… Ⅱ . ①王… Ⅲ . ①安全教育—儿童读物
Ⅳ . ① X956-49

中国版本图书馆 CIP 数据核字 (2022) 第 144990 号

责任编辑　郭　佳　李　睿　白李娜
责任校对　焦　宁
责任印制　徐　飞
图书装帧　翰墨怡香
图片着色　刘国胜

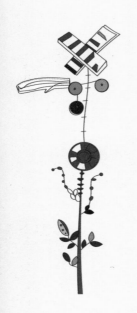

科学普及出版社出版

北京市海淀区中关村南大街16号　邮政编码：100081
电话：010-62173865　传真：010-62173081
http://www.cspbooks.com.cn
中国科学技术出版社有限公司发行部发行
鸿鹄（唐山）印务有限公司印刷

开本：710mm×960mm　1/16　印张：24　字数：240千字
2022年11月第1版　2024年1月第7次印刷
ISBN 978-7-110-10488-0 / X·76
定价：108.00元（全4册）

序言

张咏梅 儿童伤害预防教育专家、全球儿童安全组织（中国）高级传讯顾问、中国项目专员

几年前，有企业邀请我去给他们的员工讲有关儿童伤害预防的讲座，其初衷是企业给予员工的一种福利。近些年，随着网络信息的传播，越来越多的儿童伤害事件浮现在了大众的视野中。一时间，"儿童安全"成了无法回避的重要议题，被人们广泛地讨论。无论是网络上的新闻热点，还是两会上的代表提案，都显示出了大众对中国儿童安全教育倾注的深情。由此，我也看到越来越多的企业将"儿童安全培训"列为重要内容，不再是简单的福利馈赠，而是将此纳入了企

业社会责任的一部分。如此的重视程度，可以说，中国的孩子们有福了。

十年前，我有幸成为全球儿童安全组织（中国）高级传讯顾问，专注于儿童意外伤害预防的数据研究和常识传播工作。在每天面对的大量伤害信息中，我发现几乎所有的意外发生都是有规律可循的。比如暑期是儿童溺水高发期；燃气中毒或烧烫伤是年底到春节期间发生最多的伤害类型；幼童发生高楼坠亡的起因多和看护缺失有关；因盲区造成的汽车碾轧意外，也多因孩子未在家长监护下跑过马路所致。由此，做好儿童伤害预防的基础，就是学习基本常识、了解事件本质、注重行为培养。

这套书的出版主要面向学生群体，文风、画风和游戏的设计都贴近儿童的阅读习惯。众所周知，做安全教育有个难点，就是人群定位。不同年龄段的孩子，宣讲的方式和内容截然不同。比如0—3岁的宝宝，处在最乐于探索世界的年龄段，家长的教育应侧重于帮助他们营造家中的安全环境。4—6岁的幼童开始了社会交往，不安于居室，放眼于户外，

父母要多用游戏互动的方式来进行亲子教育，通过角色扮演让孩子理解危险的定义。进入小学阶段的儿童，低年级和高年级的安全教育也是有区分的。普及形式由游戏体验到实训学习，都需要建立一整套有针对性的课程体系。

《孩子，你要学会保护自己》这套书很好地抓住了小学至初中阶段儿童的行为和认知特点，侧重行为指导。比如《面对校园风险我会说不》分册中，将课间容易发生的冲撞、打闹等充满隐患的行为单列出来，明确正确的行为指导，以正视听;《潜藏在生活中的危机》分册中，将孩子们容易在公共场所发生的危险行为列举出来，比如乘坐自动扶梯的错误姿势等;《面对生命威胁学会自救》分册中，一些生活的急救小常识也非常实用。道路伤害是 1—14 岁中国儿童第二位死因，是 15—19 岁少年第一位死因。而步行和乘坐机动车是发生交通意外的主要交通方式。因此,《我会应对户外危险》分册，强调了要规范儿童的步行习惯，比如专心走路、不要戴耳机等，是避免伤害的重要一课。

全球儿童安全组织创建者——美国华盛顿儿童医学中心

烧伤科医生马丁博士曾说："没有偶然的事故，只有可预防的伤害。"在传播儿童安全教育的十多年中，我深刻体会到这句话的意义。**来自生活中的伤害，看似属于意外，其实99%都是可以预防的。**认识到环境对伤害发生的影响，就可以从源头杜绝隐患的发生；了解到行为对伤害结果的影响，就可以主动改掉坏习惯，养成好习惯，从而提高安全意识。

希望更多的孩子从这套书中学到安全常识，学会保护自己，注重改变陋习，真正实现平安一生。

前言

　　校园中洒满了暖暖的阳光，树林里洋溢着小鸟愉悦的叫声，操场上处处留下了孩子们快乐的身影。

　　校园是孩子们求知的乐园、探索的天地，孩子们在这里的生活是丰富多彩的。不过，这里依然存在着一些安全隐患，需要引起注意。

　　那么，校园里究竟有哪些安全隐患？面对这些安全隐患，孩子们又该如何防范呢？为了解决这个问题，孩子们应该系统地学习一些校园安全自护的常识，当危险出现时，才能冷静、从容而正确地应对。

目录

上下楼梯

啊！

　　校园是人员非常密集的场所，楼梯在校园里非常常见，大家时常要在楼梯上走动，人多的时候，就难免存在安全隐患（yǐn huàn）。那么，我们在上下楼梯时应该注意什么呢？

上下楼梯时要慢而有序，不要嬉（xī）笑打闹，以免摔倒。

大家要按顺序上下楼梯。

上下楼梯时不要奔跑，以免摔倒扭（niǔ）伤。

上下楼梯人多时不要拥挤，否则很容易摔倒并发生踩踏（cǎità），造成伤害。

上下楼梯时应靠右行，给对侧的同学让出空间，以免发生冲撞（zhuàng）。

上下楼梯时要尽量手扶栏杆，不要东张西望或看其他东西，以免发生意外而来不及稳（wěn）住身体。

课间休息，在人多的楼梯或走廊内尽量不要弯腰捡东西或蹲（dūn）下系鞋带，以免把别人绊倒，造成伤害。

在人员密集的地方

人多的地方最容易发生意外，所以我们在人员密集的地方需要特别小心！

当走廊和楼道等地方人很多时，不要互相拥挤，以免发生摔伤或踩踏事件。

不要在人流密集的地方打闹或奔跑，比如楼梯、教室门口等。

参加集体活动时要听从老师的指挥，按**秩序**（zhìxù）行动。

进教室时应以正常速度行走，不要奔跑，以免撞到其他同学，造成伤害。

在人多的场合，不要随便蹲在地上，这样容易被人群挤倒，发生踩踏伤害事件。

哇

有人摔倒啦!

如果在人多的地方有人摔倒，千万不要乱挤，这样容易引发更大的骚乱（sāoluàn），导致更多的人摔倒。

上体育课

体育课既有趣（qù）又能增强同学们的体质，但上体育课时也不能大意，要注意安全。

19

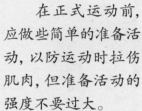

在正式运动前，应做些简单的准备活动，以防运动时拉伤肌肉，但准备活动的强度不要过大。

呀，我的腰闪了！

在老师教新动作时一定要仔细观看，**避免**（bìmiǎn）因为动作不规范而使身体受伤。

做**投掷**（tóu zhì）运动时要听从口令，做竞技运动时要注意强度，防止受伤。

老师，有同学跌倒了！

碰到有同学**跌**（diē）倒或突发疾病时，应该及时报告老师。

参加运动会

运动会上，同学们你追我赶，奋勇争先。这时，我们需要注意哪些安全问题呢？

要听从老师的安排，在指定的地方观看比赛，**遵守**（zūnshǒu）纪律，讲秩序，不打闹，爱护环境卫生，不乱扔**垃圾**（lājī）。

不参赛或已完成比赛的同学，不要在场内**逗**（dòu）留，更不能在场内来回穿行跑动。

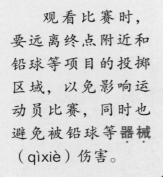

观看比赛时，要远离终点附近和铅球等项目的投掷区域，以免影响运动员比赛，同时也避免被铅球等器械（qìxiè）伤害。

那就别参加比赛了！

哎哟，我肚子痛！

如果参赛，要做好赛前准备活动，场地和设备应仔细检查，防止意外伤害。如果身体不适，就不要贸然（màorán）参赛。

参赛前不要吃得过饱,也不要饮水过多,运动后也不要马上大量饮水或吃冷饮,更不要马上洗冷水澡。

运动后不能立即大量饮水!

参加运动比赛时,不要佩(pèi)戴首饰、手表或其他坚硬(yìng)、尖锐的物品。

上实验课

同学们都喜欢上实验课，既有趣，又好玩，但实验课也存在一些安全隐患。那么，我们应该注意些什么呢？

上实验课时，绝不能在实验过程中相互打闹，以免发生危险。

认真对待实验器材。在使用有危险性的实验器材时，一定要小心谨慎（jǐnshèn），如酒（jiǔ）精灯、试剂瓶、镊（niè）子等。

做实验的时候要听从老师指挥，按照实验步骤（zhòu）进行操作，不要出于好奇而做一些危险的尝试。如果有疑问，要及时向老师提问。

老师，我的手被烫伤了！

如果不小心被烫伤、扎伤，要赶快用清水冲洗伤口，并及时报告老师，采取合理的急救**措施**（cuòshī）。

做完实验后，要将废渣、废液按老师的要求倒入指定的容器中，不能随意丢弃。

不要私自将实验器材或实验材料带出实验室，这样很容易给自己和他人带来伤害。

做游戏

下课时，同学们一定很喜欢做游戏吧？不过做游戏时一定要注意安全。

下课时应尽量到安全、宽敞的地方活动，以便呼吸新鲜的空气，使自己的精力更加充沛（pèi）。

下课时不要在教室内互相追逐、打闹，因为教室内桌椅密集，容易摔倒，发生意外。

课间远离教室的话，要注意提前返回，以免上课迟到。着急奔跑也容易受伤。

下课后不要去攀（pān）爬高处，不做危险剧烈的活动，以免摔伤或扭伤。

不要在走廊内或人多的地方打球、踢球，以免伤到他人。

活动时一定要注意地面上及空中的高压线和电缆(lǎn)，防止接触到这些危险物体。

郊　游

到野外去郊游是放松、休闲的好方法。那么我们在郊游时应该注意什么呢？

郊游时要听从老师的指挥，这是保证郊游安全的重要前提。

不要独自离开队伍，不管你要去做什么事，这样都是十分危险的。若有事要离开队伍，一定要把自己的行踪（zōng）提前报告给老师。

郊游时要自带饮用水，不要喝野外的山泉水，以免发生腹泻（xiè）。不要乱扔矿泉水瓶等废弃物，应带回扔到垃圾箱中。

购（gòu）买食品时要注意保质期，不要去买路边无证小摊（tān）上的食品。

擦玻璃

　　清扫教室不仅可以让学习环境干净整洁，还能培养同学们从小爱劳动的优良品质，不过我们在劳动时也要注意安全，特别是在擦玻璃（bō·li）时更要小心。

绝对不要站在高楼的外窗上或把身体探出窗外擦玻璃，那样十分危险。如果不注意或窗框（kuàng）不牢固，很容易发生坠（zhuì）楼的意外。

不要爬上窗台去擦靠外侧的玻璃，这样的动作十分危险。

要互相保护，不要独自一人站在高高的凳子上。可以请同学协（xié）助，配（pèi）合完成劳动任务。

擦完一扇（shàn）窗后，应先将这扇窗关好，再去擦另一扇。擦上排的窗户时，要先把下排的窗户关好。

在擦高处够不着的玻璃时，不要爬上窗台踮（diǎn）着脚去擦，可以使用擦洗高层玻璃的专用工具。

危险，快下来！

一旦（dàn）发现同学有危险，要及时制止，但是不要大喊大叫，以免同学受到惊吓后发生危险。

不要在教室里打闹

　　教室是我们学习的地方，不是我们打闹嬉戏的地方，在教室里打闹容易出现意外，请同学们千万注意。

应该遵守纪律，不要在教室里嬉戏打闹，以免磕（kē）伤、摔伤。

太不文明了！

谁把我的粉笔用光了？

讲台上的粉笔、黑板擦等教学用品都不是玩具，不要拿来玩耍（shuǎ）。

教室是学习的地方，应保持安静，不要大声喧哗（xuānhuá）。

玩具是不能带进教室的！

不要把小刀、玩具枪一类与学习无关的危险物品带进教室，以免影响学习，甚至发生危险。

不要在楼道里玩耍

楼道是供大家行走的，千万不要在楼道里玩耍，以免发生意外。

楼道空间狭小，下课或放学后，要有秩序地走出教室，不要互相推挤。

在楼道里不能一边玩闹一边走路，那样很容易发生危险。

不能在楼道里踢足球、跳绳、踢毽（jiàn）子等，以免误伤他人。

在楼道里系鞋带、捡东西时，要注意周围的人，以免被挤倒发生意外。

如果在拥挤的楼道里不小心摔倒，要迅速地**蜷缩**（quánsuō）身体，护住头部，还要提醒旁边的人，以防出现踩踏事故。

不要在楼道里做游戏！

如果看到别的同学在楼道里跳绳或做其他游戏，应该及时**阻**（zǔ）止，必要时还可以报告老师。

楼梯扶手滑不得

　　楼梯扶手是用来保护大家的安全的，我们可不能把它当作滑梯来玩，这样十分危险。

挺好玩的！

有的同学觉得滑楼梯扶手既**刺激**（cìjī）又好玩，但这是十分危险的。

呀！

一旦失手，人就有可能从楼梯扶手上摔出去，那么后果是无法**预料**（yùliào）的。

万一楼梯扶手不够牢固（láo gù），有可能发生断裂，后果也是很严重的。

下楼时要自觉靠右行走，不追跑打闹。

如果看见别的同学在楼梯扶手上玩，要上前劝阻，若对方不听劝阻，要及时告诉老师。

如果发现有同学从楼梯扶手上摔下来，应该第一时间报告老师。

铅笔不能随便咬

　　铅笔是我们常用的文具，如果使用不当，也会影响我们的身体健康（jiànkāng）。

铅笔外层的彩色漆（qī）里含有铅（化学元素符号 Pb），不要啃咬铅笔，否则容易造成铅中毒。

我可是很厉害的！

不要咬橡（xiàng）皮，因为橡皮中含有的化学物质会对人体造成危害。

铅及其化合物都有一定的毒性，一旦进入人体，就可能引起慢性或急性中毒，导致贫血、肠绞（jiǎo）痛等病症（zhèng）。

哎哟，我肚子痛！

大家看见了吧，这就是咬铅笔的后果！

每次用完铅笔，都应当把它放进铅笔盒（hé）里保管好。

应该让爸爸妈妈帮忙选（xuǎn）购文具，自己不要随便购买带有浓烈香味的文具。

买这种文具比较好！

洗手吃饭了！

一定要养成写完作业及时洗手的好习惯（guàn）。

使用涂改液

涂(tú)改液(yè)能帮我们遮盖(zhēgài)掉写错的字，不过，在使用它时也要小心。

涂改液不是玩具，同学之间更不要互相挤射。一旦涂改液进入眼睛，后果会十分严重。

呀！

甲基环己烷

三氯乙烷

环己烷

涂改液中一般都含有甲基环己烷(wán)、三氯乙烷和环己烷，这些物质容易挥发到空气中去，如果大量吸入，可能会引起头痛、恶心等症状。

修改时不要使用过期或者劣（liè）质的涂改液，否则容易引发皮肤（fū）过敏等问题。

呀，这个涂改液过期了，不能用了！

在使用涂改液的过程中，如果发现涂改液有异味、滴漏等现象，应立即弃（qì）用。

尽量不要把涂改液滴到皮肤上，如果不小心蹭（cèng）到了皮肤上，应该用清水冲洗，过敏者要及时去医院治疗（liáo）。

购买涂改液时，要让爸爸妈妈帮忙购买正规厂家生产的合格产品。

面对教室电器

教室里一般都有电器，面对这些电器时我们应该怎么办？

教室中的电器一般都挂在很高的地方，或者锁(suǒ)在柜子里，不能因为好奇而攀高去动它们，否则很容易发生危险。

教室中的电器都和电源相连，打扫卫生时一定要远离电源，防止触(chù)电。

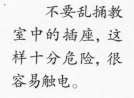
不要乱捅教室中的插座，这样十分危险，很容易触电。

不要乱动电源！

如果看到其他同学因为乱动电源触电，一定不要靠近，更不能用手去拉，只能用**绝缘**（juéyuán）的物体将同学和电源分离开，并第一时间寻求老师的帮助。

校园里若有人行凶

如果发现校园内有不良分子在斗殴（ōu）或行凶时，你该怎么办？

一旦有人在校园内斗殴或行凶，不要上前围观，要尽快离开，以免受到牵连。

咱们还不会处理，赶紧去报告老师！

不要独自或是几个同学贸然上前劝阻，这样很危险，因为同学们年龄还小，也不懂（dǒng）得怎样劝阻。

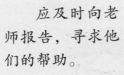

应及时向老师报告，寻求他们的帮助。

喂！是110吗？……

情况紧急时，要立即设法拨打"110"报警（jǐng）电话。

如果现场有行凶者遗（yí）失的物品或凶器，千万不要随意乱动，更不能据（jù）为己有，应由警察来处理。

记住行凶者的相貌特征，以便向警察提供线索（suǒ），及时破案（àn）。

和同学发生纠纷

在学校里，有时难免会和同学发生纠纷（jiūfēn），这时我们该怎么办呢？

同学之间不要因为小事产生**矛盾**（máodùn）；如果产生矛盾，也一定不要心急，要冷静，尽量克制自己的情绪。

我的汤被他撞洒了！算了，他不是故意的。

你长得像……

不能骂（mà）脏话，不能用对方生理上的**缺陷**（quēxiàn）来攻击他。

不能用拳（quán）头来解决问题，要学会包容、谅（liàng）解、讲道理。

不能邀（yāo）约同学一起去打架，这样会扩大矛盾，后果更加严重，也不利于解决问题。

如果发生的矛盾自己无法解决，就应该告诉老师，让老师来处理。

我也有做得不好的地方，向你道歉！

这次是我不对，请原谅！

在与对方争执（zhí）后，要勇于道歉（qiàn）。

面对校园性侵害

　　校园性侵害会严重威胁孩子的健康成长，我们一定要提高警惕（tì），保护好自己。

女同学尽量不要单独和异性成年人待在一起，向他们请教问题时可以三五人结伴而行。不要让异性碰触自己内衣覆(fù)盖的部位。

如果异性成年人叫你单独去偏僻(piānpì)的地方，要提高警惕，想办法拒绝。

当你受到骚扰（sāorǎo）时，一定要严厉地训斥（chì）对方，同时尽可能地快速离开现场。

女同学还要注意不要随便和异性在非公共场合独处。

如果受到骚扰，要及时告诉老师或家长，还可以报警，合法地保护自己。

呀，这个问题好奇怪！

男同学也要有自我保护意识，警惕不法之徒。如果发现某人的要求很奇怪，不要轻易答应。

被恶意体罚

恶(è)意体罚(fá)学生是一种伤害儿童生理和心理的行为。当你遭(zāo)到恶意体罚时该怎么办?

一般来说，体罚学生的老师通常会用暴力、辱（rǔ）骂等方式来对待学生，而且经常提一些过分（fèn）的要求。

绕操场跑十圈！

不准穿鞋，操场跑十圈！

这种体罚太过分了！

个别老师还会用一些变相（xiàng）的方式来体罚，如绕操场跑十圈、烈日下罚站、下跪（guì）等，这些都属（shǔ）于恶意体罚。

如果遭到体罚，千万不要忍（rěn）气吞声，要勇于拒绝，通过合理的方式来保护自己。

如果遭到体罚，千万不要偷偷报复老师，这不利于问题的解决。

如果发现学校老师有体罚学生的现象，可以向校领导反映或告诉家长，让大人们合理解决此事。

居然有这样的老师！

联名信

签名

可以通过写**联**(lián)名信的方式来举报体罚学生的老师，还可以通过法律途**径**(jìng)来保护自己的合法**权**(quán)益。

有人患传染病

　　学校人多，一些传染(rǎn)病很容易在校园暴发。面对传染病，我们该注意什么呢？

要听老师和家长的话，做好消毒和**隔离**（gélí）工作，必要时还要服用预防传染病的药物。

平时一定要讲卫生，按正确的方法洗手。同时要经常参加体育活动，加强**锻炼**（duànliàn），从而增强自身的**抵**（dǐ）抗力。

一旦发现有同学患了传染病，应保持距离，戴上口罩。避免接触患者的唾（tuò）液、呕（ǒu）吐物、粪（fèn）便、血液等。

注意，不要因为好奇而去触摸患病同学使用过的生活用品，防止交叉（chā）感染。

不要**歧**(qí)视和**疏**(shū)远曾患有传染病但已**痊愈**(quányù)的同学。可以听从老师的安排,去安**慰**(wèi)和帮助他们。

我们要帮助他们赶上进度。

感觉自己身体不适时要及时就医。一旦患上传染病,应在医院隔离治疗,不要返校上课,以免传染给其他同学。

遭遇勒索

在放学的路上，如果遇到了比你大的青年向你索要财物时，该怎么办呢？

遇到这种情况时，千万不要表现出自己非常害怕的样子，要尽量对他们说些好听的话，说明自己身上并没有携带财物，避免发生肢体冲突。

如果他们仍然不放你走，那就尽量和他们拖延时间，发现有老师或者大人经过时马上大喊"救命"，寻求帮助。

如果等不到外援(yuán)，就和他们说要回学校取钱，寻求逃脱的机会。回到学校要马上找老师寻求帮助。

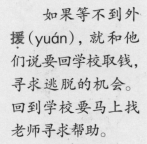

我回学校取钱。

要记住这些人的外貌特征，比如长相、穿着、身高等，及时向老师汇报。

尽可能不要把钱给他们，如果这次**勒索**（lèsuǒ）成功，很可能就会有下次，甚至专门在你常走的路上等着你。

我哪儿有钱！中午刚吃了一顿泡面。

回到家中一定要把事情的经过详细地告诉家长，寻求他们的帮助。

不与社会不良青年打交道

社会上有许多闲散（sǎn）人员，不要随便和这些人打交道，他们会对我们的成长造成危害。

社会上的一些闲散人员经常会打着为同学们"拔刀相助"的旗号装成"大哥"，将同学们带上犯罪（zuì）的道路。

不要主动接近这些不良青年，更不要与他们称兄道弟，不要接受他们的礼物，以免让自己陷入圈套。

如果有不良青年来纠缠（jiū chán）你，一定要找机会告诉老师或家长，向他们寻求帮助，摆脱坏人的纠缠。

老师……

不要去找他们帮忙!

同学之间有矛盾时要真诚沟通，千万不要去寻求这些不良青年的帮助，这样不但不利于问题的解决，还会引火烧身。

如果发现有同学和不良青年混(hùn)在一起，要尽量远离，不要加入他们的队伍，并报告老师。

为了避开社会不良青年的纠缠，可以和同学结伴上学、放学，人多一些，可以避免成为不良青年的目标。

找不同

校园里有很多楼梯。下面两幅图中有几位小朋友的做法是十分危险的。两幅图中有五处不同，请在右图中把它们圈出来吧！

选择游戏

滑梯很好玩，但玩滑梯时也要注意安全，图中小朋友的做法有哪些不对呢？请你指出来。

A. 从下滑处爬上去。
B. 紧跟前方的小朋友滑下滑梯。
C. 站在安全位置看小朋友玩耍。
D. 松开滑梯扶手或抓握其他物体。